如何创业

〔美〕塞西莉亚·明登 著
王小晴 译

人民文学出版社
PEOPLE'S LITERATURE PUBLISHING HOUSE

目　录

如何创业

Starting Your Own Business

— 第一章 —

从一个好主意开始

马克·扎克伯格还是哈佛大学学生的时候，就有了创建一个学生网站的想法。本·科恩和杰瑞·格林菲尔德是童年时期的玩伴，参加了制作冰淇淋的课程。艾米莉·罗格朗和克里斯蒂娜·哈喜欢饼干和猫咪。

这些企业家都看到了一种需求，并把他们的想法变为成功的企业。马克·扎克伯格创建了“脸书(Facebook)”。本和杰瑞成为“本杰瑞(Ben&Jerry's)”，创造了“佛蒙特州最佳冰淇淋”。罗格朗和哈在纽约开张了一家烘焙坊“喵喵咖啡馆(Meow Parlour)”，在这

"本杰瑞"已经成为非常成功的冰淇淋品牌

里，你可以一边吃着饼干，一边抱抱猫咪。

你想把你的想法变成一个成功的事业吗？首先，你需要理解一桩事业是如何达成的。

要想创建你自己的事业，需要遵循以下五个基本步骤：

有个主意。

撰写经营计划。

筹集资金。

营销产品。

如果你对缝纫很有激情，那么你可以试试用这个技能开启新业务

管理业务。

第一步：有个主意。你从哪里得到创业的主意？从你了解的事情开始吧。你喜欢怎么消磨时间？有什么活动让你感到开心？你的激情和才能在哪儿？和其他人一起集思广益，坚持将各种可能性列出来。

照顾弟弟妹妹可以让你知道如何照顾小孩，这可能让你想到创立自己的保姆服务公司。帮助照料奶奶的院子可能让你开始创立草坪养护公司。或许你在烘焙、缝纫、计算机或者运动方面有一些技能。

一旦你有了几个主意，再把它们删减到可以售卖给其他人的主意。

运用你的数学技能创建一个图表或图形，标出每个主意的优点和不足。将你的主意告诉你信任的人，让他们给出一个比较诚实的观点。一旦你决定要创业，你就需要写一份经营计划。要想让你的事业有一个好的开始，数学起着非常重要的作用。

实用数学大挑战

索菲经营制作狗狗毯子的业务。每张毯子需要价值 3.85 美元的材料。她付给她妹妹每小时 4 美元，来给她帮忙。她俩每小时可以制作 3 张毯子。

· 苏菲希望 3 条毯子每条都赚 3 美元，每条毯子要卖多少钱？

（答案见第 28 页）

— 第二章 —

撰写经营计划

第二步：撰写经营计划。

经营计划就像公司的骨架。没有骨架，身体就会倒塌。没有一份好的经营计划，公司也会难以支撑。

一份好的经营计划能够回答关于你的事业的谁、什么、怎么、在哪里、为什么等问题。这份计划将会包括：

事业理念

公司简介

服务或产品说明

每个良好的业务都是从一个精心撰写的良好经营计划开始的

对市场的了解

对财务的描述

我们来探索一下这些都是什么意思，以及每一条对于你的事业的重要性。

事业理念是解释你的事业的书面报告。这个解释应当准确地描述你的目标，给出你有资格生产这些产品或提供这些服务的原因。公司简介解释你将要做些什么，应当突出公司的目标和宗旨。你想做全部的工作吗？或许你计划雇用一些朋友帮你。确保写出

试着向当地的企业主询问如何开始创业

二十一世纪新思维

美国小型企业管理局(SBA)为小型企业主提供帮助，并保护他们的利益。SBA 的任务是帮助“美国人开始创业，并帮助其经营和成长”。你会在地方商店购物吗?向店主询问一下拥有自己的事业是什么样的感觉。

生活和事业技能

去网上看看其他同学在做什么挣钱。研究一下其他同学撰写的经营计划。在开始自己的业务之前，从其他人那里学习一下。

公司地址。

服务或产品说明需要简单解释你要销售什么东西。你打算如何制作这种产品或提供这种服务？需要一些照片和图示来帮助他人来想象出你计划做的事情。在计划的每一个部分上都要花点心思，直到你很有信心这份计划能够准确地描述你的产品和服务。

你不能销售别人不购买的东西。比如，如果你认识的所有人都有校服，那么就不要销售校服了。因为已经没有市场了。对市场的了解能帮助你知道你的产品或服务是不是有需求。这一部分内容需要包含为什么你的业务能够实现或满足客户的需求。

冬天，铲雪有市场，但是在春天、夏天、秋天就没有了

对财务的描述部分需要准确地表达出制作你的产品或服务需要多少成本。你能够制作多少产品，或者能够提供多少服务，需要花费多少时间？要实现你的目标，是否需要一些助理？这些又需要多少钱？

用你的数学技能来创造一个简单的商业计划，来证明你有一个好的主意。花一些时间深思熟虑你的主意，并对事实做研究。现在，请准备好与其他人分享你的主意。

实用数学大挑战

今年夏天，米娅准备为她的邻居遛狗。她每天遛3条狗，每条狗每天收10美元。不过她一次只能遛1条狗，因为狗绳会缠在一起。

· 如果米娅每天要遛3条狗，那么要想在夏天结束时挣到1500美元，她需要工作多少天？

· 米娅一共要遛狗多少次？

（答案见第28页）

第三章

开动脑筋：寻找投资者

第三步：筹集资金。创业需要辛苦的工作和实践。你有了一个很好的主意，肯定很想赶紧实现它。首先，你需要钱来支撑你的事业。

从你自己的钱开始。有自己的事业意味着要做选择。你或许需要推迟个人购物或旅行，把这笔钱投资到你的事业上去。零花钱是收入的一个来源。为你个人的开销制订一个预算。从哪里可以省出钱来做事业？你能不去看电影或者不在商场买小吃吗？要

庭院旧货出售是筹集资金的不错方法

想自己创业就得做出一点牺牲。想办法开启自己事业的同时，也去寻找一些方法挣一些额外的收入。

你也许决定，支撑新事业的最好办法是寻找投资者。投资者就是会提供资金给你创业的人。投资者可能会贷款给你，或者要求分一部分的利润给他。贷款通常需要偿还利息。这意味着你借的这笔钱还需要还一些额外的费用。比如，你从约翰爷爷那里借了 50 美元。你承诺他每周偿还 5 美金和本金（也就是 50 美元）基

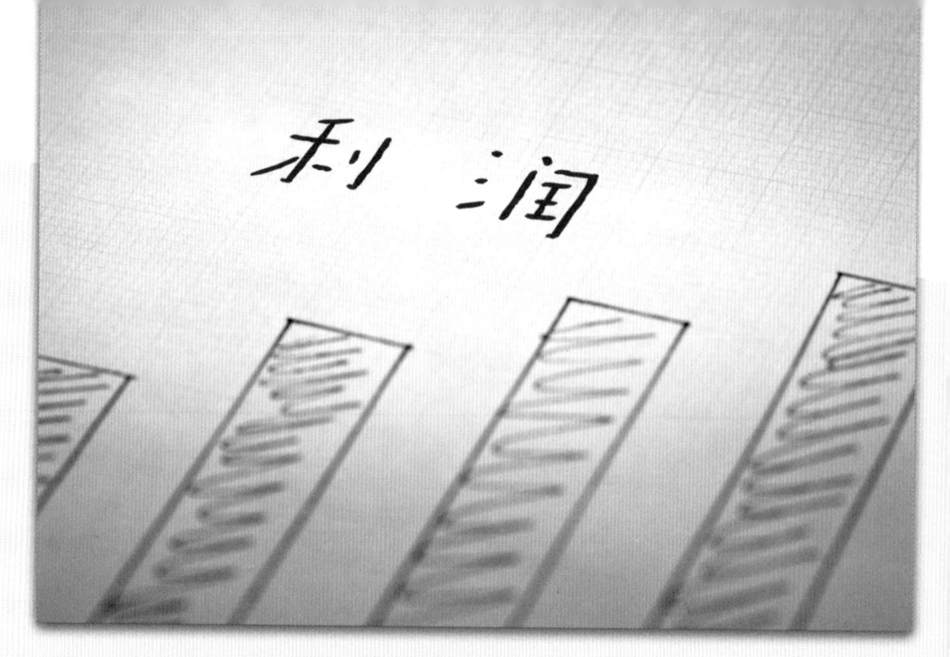

利润是你支付业务开销之后剩下的钱

础上 5% 的利息，直到还清这笔借款。第一周，你支付 5 美元，再加上 50 美元的 5%，也就是 2.05 美元，一共 7.5 美元。下一周，本金就变成了 45 美元，所以你要偿还 5 美元，再加上 45 美元的 5%，也就是 2.25 美元，一共 7.25 美元。以此类推，直到借款还清。

还有的投资者从利润的股份中获得收益。比如，你自己准备留下利润的 60%，剩余部分你对投资者售卖股份，并使用这笔钱来创业。有四个人每人购买了 10% 的利润股份。如果你的事业经营得很不错，那么投资者就可以从他们的原始投资里面挣到更多的钱。这对于投资者来说是一个机会，他们愿意投资他们认为前景不错的业务。他们一直能够赚到 10% 的利润，直到他们把股份归还给你或者卖给其他人。

使用你的数学技能来决定你的公司需要哪种类型的投资者。

生活和事业技能

有一个一起学习的好办法，就是在学校或者独自创建一个事业俱乐部。邀请成功的企业主来与你分享他们的主意。

记住,找到投资者的最好方式是让他们看到一个很好的经营计划。

经营计划可以告诉他们你的公司的信息,帮助他们理解你的目标。

实用数学大挑战

爱德华多希望做草坪修剪的事业, 不过他需要购买一台草坪修剪器。他想买的那一台含税价是 237.44 美元。他根本没有钱来购买, 但是有 4 个人愿意投资他的公司。

· 如果爱德华多想购买这台草坪修剪器, 他需要从每个投资者那里得到多少钱?

· 爱德华多同意在夏天结束的时候偿还每个投资者 5% 的利息。爱德华多需要支付给每个投资者多少钱?

(答案见第 28 页)

修剪草坪是夏天挣钱的一个好方法

第四章

开动脑筋：营销

第四步：营销产品。现在你有了主意，有了计划，也有了投资者。那么怎么把你的产品或服务推广给大众？你需要营销。有两种营销方法。集客营销是确保你能够满足当前客户的需求。要想让他们继续成为你的消费者，你能做点什么呢？人们总有很多选择。如何让你的产品成为他们一直的选择？

对外营销是把你的产品或服务的信息推广到其他消费者。你需要采用广告或促销手段。

发传单是广告的一种方式,尤其是如果你熟练掌握电脑技术。你是在卖产品吗?确保你的传单里包含一些有助于顾客理解你的产品或服务的信息。首先肯定要包含你的名字和业务的名称。你

你可以在社交媒体上发布广告，这样所有你认识的人就都可以看到了

实用数学大挑战

加布里埃尔做帮助老年人安装家庭电脑的业务。他的研究表明,大多数潜在客户会阅读当地的报纸。他有 400 美元的广告费预算,在当地报纸登一个小广告需要 150 美元。

- 加布里埃尔的广告可以在报纸上刊登多少天?
- 加布里埃尔要多刊登一天广告的话,还需要多少钱?

(答案见第 29 页)

的顾客怎么联系你?把家庭电话号码或个人邮件地址公开之前,询问一下你父母的意见。用你的产品或服务相关的照片或图示来装饰你的传单。你的传单上是不是有容易记住的广告语?可以尝试不同的广告语,直到想出你觉得人们容易记住的广告语。

把传单印出来之前,先拿给几个人看一看。收集一些反馈。传单上的内容容易理解吗?是不是包含了所有必要的信息?语法是

在一些社区，还有教老年人使用最先进技术的业务需求

还有一些地方可以在出租车顶部做广告

不是对，有没有错别字？要给你的潜在客户留下良好的第一印象！

营销产品还有一个方法是特别促销。典型的超市促销是买一送一，或者是对于第一次购买的顾客买二送一，再或者是买到一定金额的顾客赠送当地餐馆的小礼品卡。

另一种推广方法是使用你自己的产品——以身作则。比如，你在经营珠宝制作业务，那么就可以自己戴一些珠宝样品。

对你的业务最好的营销方法是你的信誉，是你能提供及时和周到的服务。花时间把工作做好。当你的顾客把你推荐给他们的朋友的时候，这种额外的关心就得到了回报。

生活和事业技能

广告是大企业的主要营销方式。“超级碗”橄榄球赛期间的广告是最贵的广告之一。30 秒的广告就需要几百万美元。广告必须能够吸引观众的注意力，并能够售卖产品。广告商会在广告语中使用幽默、悬念和大明星等元素来吸引观众。你觉得大公司为什么愿意在“超级碗”期间的广告上花这么大一笔钱呢？

第五章

管理一个成功的业务

第五步：管理业务。要想成功管理业务，就得知道如何应付不同的人和情境。此外，你得让客户满意，但是不能让这个业务主宰你的生活。

你仍然需要吃东西、去上学、休息，和家人朋友玩乐。那怎么找到时间来做业务呢？关键就是时间管理。这意味着你知道如何在需要做的事情和想要做的事情之间找到平衡。

用几个星期的时间，写下你做了什么，以及做这些事需要花

待办事项清单是一种能够帮助你管理优先等级的方法

多长时间。现在，增加你经营业务需要的时间。现实一点吧，不要忘记往返的交通时间。设定优先等级，也就是说先做最要紧的事情。然后你可以做你想做的事情。绝对不要向你的顾客承诺你无法实现的允诺。如果你现在没有时间为他们做事情，试着找到你能处理好他们需求的那一天。设定优先等级可以帮助你为每一件事情找到时间，减少拖延。

对于业务还有一个要优先考虑的事情就是安全。一定要随时

如果你喜欢照顾宠物，那么遛狗对你来说或许是个创业的好主意

二十一世纪新思维

“青年成就”是“通过实验或实践项目培养学生工作准备、创业精神和财务素养的世界最大组织”。每年在全球有超过 800 万学生参与商业竞赛。参加这些竞赛可以更好地学习如他人合作工作。

确保你所做的工作不会对他人或者对自己产生任何伤害。这在照顾孩子或宠物的时候尤为重要。你不仅要保证自己的安全，也要为他人的安全负责。

准备好开始创业并好好经营了吗?你或许还要在其他方面使用数学技能——增加利润!

实用数学大挑战

伊莎贝拉和罗西创业，为孩子的派对制作精美的纸杯蛋糕。瓦特太太为她女儿的派对预定了 36 个纸杯蛋糕。烘焙用品和蛋糕纸杯需要的花费含税为 17.89 美元。伊莎贝拉的妈妈允许她们使用厨房，前提是她们得保证做完以后清理干净。

- 每个纸杯蛋糕成本多少钱?
- 如果她们希望从每个人每个纸杯蛋糕上能挣 0.75 美元，那么价格得定多少?
- 这 36 个纸杯蛋糕，她们一共得向瓦特太太收多少钱?

(答案见第 29 页)

实用数学大挑战 答案

第一章

第 5 页

要想获得每条 3 美元的利润，每条毯子要卖 8.18 美元。

3.85 美元（材料价格）×3 条毯子＝ 11.55 美元（每小时需要的材料价格）

11.55 美元＋ 4 美元（每小时付给她妹妹的钱）＝ 15.55（每小时成本）

15.55 美元 ÷3 条毯子＝ 5.18 美元（每条毯子没有利润的价格）

5.18 美元＋ 3 美元（利润）＝ 8.18 美元

第二章

第 11 页

要想挣到 1500 美元，米娅需要工作 50 天。

10 美元（每条狗）×3 条狗（每天）＝ 30 美元（每天挣得的钱）

1500 美元 ÷30 美元＝ 50 天

米娅一共要遛狗 150 次。

50 天 ×3 条狗（每天）＝ 150 次

第三章

第 16 页

爱德华多需要从每个投资者那里得到 59.36 美元。

237.44 美元（草坪修剪器费用）÷4 个投资者＝ 59.36 美元

爱德华多需要支付给每个投资者 62.33 美元。
59.36 美元 ×0.05 利息＝2.97 美元（2.968 美元四舍五入）
2.97 美元＋59.36 美元＝62.33 美元

第四章

第 20 页

加布里埃尔的广告可以刊登 2 天。
400 美元（预算）÷150 美元（一个小广告）＝2 天，剩余 100 美元。

如果再多增加一天广告，他需要再有 50 美元。
150 美元－100 美元＝50 美元

第五章

第 27 页

每个纸杯蛋糕的成本为 0.5 美元。
17.89 美元 ÷36（纸杯蛋糕数量）＝0.5 美元（每个纸杯蛋糕的成本，从 0.4969 四舍五入）

伊莎贝拉和罗西需要每个纸杯蛋糕定价 2 美元。
0.75 美元 ×2 人＝1.5 美元（两个女孩获得的每个纸杯蛋糕的利润）
1.5 美元＋0.5 美元＝2 美元

他们需要向瓦特太太收 72 美元。
36（纸杯蛋糕数量）×2 美元＝72 美元

词 汇

预算（budget）： 如何挣钱、花钱、省钱的计划。

企业家 (entrepreneurs): 开创新企业的人。

财务（finances）： 一个企业或个人所拥有的一部分钱，以及如何管理这部分钱。

市场（market）： 某种商品或服务可能的需求。

潜在（potential）： 可能，但还没有成为实际或成真。

利润（profits）： 企业扣除开销后剩余的钱。

股份（share）： 一个公司的部分所有权。